小小牛顿 科学启蒙 —大百科—

不眠的城市

U0166303

牛顿出版股份有限公司 / 编著

宝贵的
地球家园

外语教学与研究出版社
北京

天黑以后

月亮爬上天空，轻轻地告诉大家："夜晚来了！"

猫头鹰睁开眼睛，左瞧瞧、右看看，

夜晚在哪里？

狐狸、兔子、老鼠和小鸟都竖起了耳朵。

一阵风吹来，是夜晚来了吗？
猫头鹰张开翅膀追风而去。
草丛里，谁被夜晚哄得睡着了？
又是谁的眼睛那么亮，
不停地眨呀眨，不肯休息？

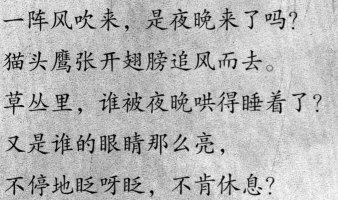

一群青蛙为夜晚唱歌，
莲花听着听着，微笑着睡了；
水虿（chài）听着听着，变成蜻蜓了；
猫头鹰听着听着，
还是不知道夜晚在哪里。

猫头鹰着急地问：

"谁知道夜晚在哪儿？"

嗅觉灵敏的飞蛾摇摇头，

点着小灯的萤火虫摆摆手，

小小的酢（cù）浆草不理睬，

只忙着睡觉。

远远的地方有声音和亮光，夜晚在那儿吗？
猫头鹰拍拍翅膀，急急忙忙地飞过去。

暗夜里一个热闹的角落，五光十色，香气扑鼻……
好多人边吃东西边聊天。
看着看着，猫头鹰也觉得肚子饿了。
它大声地问："夜晚到底上哪儿去了？"
天空中依然静悄悄的，没有人回答。

那儿有人围成圈在说话，
他们在说夜晚的故事吗？
不对、不对，
是有人在讲鬼故事。
猫头鹰找不到夜晚，
决定回家！

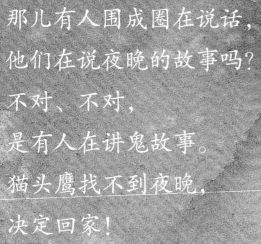

猫头鹰回来了，
动物们都回家了，
月亮也准备离开了，
它轻轻地说："明天见。"
明天，夜晚还会来。

给父母的悄悄话：

　　与白天一样，夜晚一到，有些动物开始活动，而人们也开始了夜生活。由于夜晚到处都黑乎乎的，人与动物的生活方式同白天有很大区别！晚餐后，家长可以带孩子出门散步，仔细聆听夜晚的虫鸣蛙叫，感受夜晚热闹的世界。

蜘蛛写字

蜘蛛写字，

蜘蛛用八只脚写字，

蜘蛛用八只脚边走路边写字，

蜘蛛用八只脚在空中边走路边写字。

风吹过来，

啊——字破了！

没关系、没关系，

再写一次。

19

冰块游戏

把冰格装上水，放进冰箱的冷冻室里，水就能够结冰了。

小朋友，冰块也可以被钓起来！用木棍和毛线做成钓竿，再将毛线放在冰块上，并撒一点盐，有了盐帮忙，毛线就能粘住冰块，把冰块钓起来了。

钓冰块的诀窍

① 先把毛线浸湿。

② 然后把毛线放在
冰块上，再撒些
盐在冰块上。

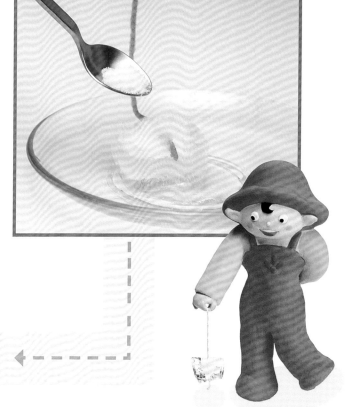

③ 大约半分钟后，就可以把冰块钓
起来了。

为什么用毛线和盐能把冰块钓起来呢？

　　把毛线放在冰块上，再在上面撒一些盐，当冰块表面被盐融化以后，水一流
动，就把大部分盐带走了，所以毛线会被冻住，这样我们就能把冰块钓起来了。

阿基米德

可是把王冠拿去称重，王冠和之前的黄金一样重。

别冤枉好人呀！

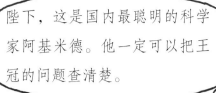

陛下，这是国内最聪明的科学家阿基米德。他一定可以把王冠的问题查清楚。

唉！问题到底出在哪儿呢？

有一天，阿基米德在洗澡时突然发现……

把物体放到装满水的浴缸里，它就会把一部分水排出来。而这些排出来的水，体积和那个物体的体积一样大。

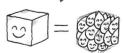

23

准备两个形状不一样，但重量一样的铁块。

把铁块分别放进装满水的盆中，并用更大的盆子接住漫出来的水。

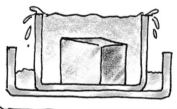

两杯水一样多，表示铁块在水中占的体积一样。

把其中一块磨掉一角，再滴上蜡烛燃烧后熔化的蜡。

另外，再拿两个重量与形状相同的铁块来做实验。

一直滴到它的重量和另一个铁块完全相等。

猫头鹰

"老鼠，别跑！"在黑漆漆的树林里，猫头鹰飞快地穿梭。它一把抓住正拼命逃跑的小动物。

猫头鹰能又快又准地抓住动物，主要是因为三点。第一，飞行时，它的翅膀不会发出声音。第二，它的听觉很发达，可以清楚地听出猎物逃跑的方向。第三，它的眼睛在夜晚可以看得非常清楚。

猫头鹰即使飞得很高，也能看到地上的小老鼠。

其他鸟的羽毛

猫头鹰的羽毛稠密松软，所以，猫头鹰飞行时没有任何声音。

28

　　虽然猫头鹰的大眼睛在黑暗的地方可以看得很清楚，但是不能转动，所以，它的脖子非常灵活，这样才能不停地转来转去，看到旁边的东西。它甚至还可以把头转到背后去呢！

　　猫头鹰吃东西的方式很特别。它会先把整只小动物吞进去，再把不能消化的毛和骨头吐出来。

　　但是，小猫头鹰没办法吞下大块的食物，所以，猫头鹰妈妈会把肉撕成小块，一块一块喂给小猫头鹰吃。

一到白天，猫头鹰就想
睡觉，它们会一直睡到晚上
才醒来。

给父母的悄悄话：

　　在动画片、童书中，猫头鹰是一个常见的角
色，相信小朋友一定不陌生。大部分猫头鹰昼伏夜
出，身体颜色又和树木很像，所以不容易被发现。

又放屁了

　　小臭鼬长大了。有一天，妈妈对小臭鼬说："你已经长大了，可以自己到森林里走走，找朋友玩。"

　　小臭鼬紧张地说："我……我一个人去吗？"

　　"对呀，万一遇到狐狸，你只要把尾巴翘起来放个屁，它就不敢靠近你了。"

　　小臭鼬心里很害怕，不过，它还是鼓足勇气往森林里走去。

　　小臭鼬在森林里慢慢地走着，它东看看、西看看，对什么都好奇，对什么也都有一点点害怕。

　　顽皮的小兔子看到了，故意从草丛里探出头来大叫一声："小臭鼬，你要去哪里呀？"

　　小臭鼬吓了一跳，"噗"的一声，放了个屁。

　　"哇，好臭哟！我不跟你玩了！"

　　"小兔子，不要走！我是被你吓着了，才放了个屁，我不是故意的。我们交个朋友吧，好不好？"

可是，小兔子头也不回地跑掉了。小臭鼬很伤心，到底要怎么做，才不会一紧张就放屁呢？

　　小臭鼬走着走着，遇见了小猪。它刚想打招呼，松树上的松果掉了下来，砸中了它的脑袋，它忍不住"噗"的一声又放了个屁。

　　"哎呀，好臭哟！别靠近我，别靠近我！"小猪也被臭味吓跑了。

小臭鼬拼命地道歉："对不起，我不是故意的！"可是小猪早就跑远了。

　　小臭鼬很伤心，怎么才能不放屁呢？如果一直放屁，它根本就交不到朋友呀！

　　小臭鼬越想越难过，忍不住哭了起来，还"噗——噗——噗——"地不停放屁。

这时候，小熊走了过来，它捂着鼻子问："小臭鼬，你怎么了？"

　　"呜呜呜，我想回家，我要找妈妈。"

　　"好吧！我来帮你，你不要哭，也不要一直放屁。"

　　"谢谢你！可是，可是，我不知道怎么做才能不放屁呀！"

　　"噗——"小臭鼬又放了一个很响很响的屁。

　　小熊请动物们来帮忙，大家捂着鼻子，热心地帮小臭鼬寻找回家的路。

　　小兔子说："我是在森林那边碰到它的，它一定是从那边来的。"

　　动物们带着小臭鼬往小兔子说的方向走去："走到这里，你想起回家的路了吗？"

"呜呜呜，我不知道……"

正在大家急得团团转的时候，狐狸突然出现了。它说："我知道你家在哪里，快跟我走吧！"

动物们吓得逃走了，只有小臭鼬原地不动。它翘起尾巴，"噗——"的一声，放了一个长长的臭屁，臭得狐狸头也不回地逃走了。

动物们捂着鼻子回来了。大家对它说："小臭鼬，谢谢你！幸亏你放的臭屁把狐狸赶走了。"

　　"对呀！以后我们跟小臭鼬在一起，就不怕狐狸了。"

　　这时候，臭鼬妈妈出现了。它对小臭鼬说："哇，看来你今天交到了很多朋友呢！"

　　"对呀！它们都是我的好朋友。可是，妈妈，你怎么知道我在这里呢？"

　　妈妈拍拍小臭鼬的屁股说："因为我闻到了你放屁的味呀！"

大家听了笑得东倒西歪，
小臭鼬也不好意思地笑了。

不小心受伤了

恬恬裁纸时，手指不小心被剪刀割破流血了，该怎么办呢？

不管它，忍痛继续裁。

立刻找药擦。

赶快告诉妈妈。

给父母的悄悄话：

随着孩子年龄的增长，通常父母都希望孩子能独立。然而，有时孩子会自作主张，使用危险的工具，受伤也不加理会或随意使用药品，导致更大的伤害。

为了避免这种情况，父母应该教会孩子如何正确使用工具。另外，对较小的幼儿，需叮嘱要有大人在旁才能使用工具，并强调意外发生时，无论如何必须告诉大人，以免细菌感染或大量出血。

叶子从哪里开始变黄

① 由叶脉向外变黄。

② 由叶片边缘向内变黄。

③ 由叶尖向下变黄。

叶子里含有叶绿素和叶黄素，平常叶绿素比较多，所以叶子是绿色的。但是，当叶子里的水分减少时，叶绿素会被破坏，所以叶子就会变黄。一般情况下，叶子里水分变少，会从叶尖和叶片边缘慢慢向下、向内变黄，但是，如果叶子营养不良或者生病了，则会从叶脉向外变黄。